サイパー思考力算数練習帳シリーズ

シリーズ４８

通 過 算

１点の通過、鉄橋・トンネルの通過、２列車のすれ違い、追い越し

小数範囲：小数の四則計算が正確にできること
　　　　速さの単位換算が正確にできること
　　　　旅人算、和差算が理解できていること

◆　本書の特長

１、速さ、旅人算の応用である「通過算」

JN123088

２、自分ひとりで考えて解けるように工夫　　　　　　　　　　　　パー思考力算数練習帳と
　　同様に、**教え込まなくても学習できる**ように構成されています。

３、列車の１点の通過、列車の鉄橋やトンネルなど長さのあるものの通過、列車と列車のすれ違い、
　　追い越しまで詳しく説明しています。速さの基本および旅人算については、シリーズ８「速さと
　　旅人算」で、長さ（距離）、時間、速さの単位換算については、シリーズ３２～３４「単位の換算」
　　で学習して下さい。

◆　サイパー思考力算数練習帳シリーズについて

　　ある問題について同じ種類・同じレベルの問題をくりかえし練習することによって、確かな定着が
　得られます。

　　そこで、中学入試につながる文章題について、同種類・同レベルの問題をくりかえし練習すること
　ができる教材を作成しました。

◆　指導上の注意

①　解けない問題、本人が悩んでいる問題については、お母さん（お父さん）が説明してあげて下さい。
　　その時に、できるだけ具体的なものにたとえて説明してあげると良くわかります。

②　お母さん（お父さん）はあくまでも補助で、問題を解くのはお子さん本人です。お子さんの達成
　　感を満たすためには、「解き方」から「答」までの全てを教えてしまわないで下さい。教える場合
　　はヒントを与える程度にしておき、本人が自力で答を出すのを待ってあげて下さい。

③　お子さんのやる気が低くなってきていると感じたら、無理にさせないで下さい。お子さんが興味
　　を示す別の問題をさせるのも良いでしょう。

④　丸付けは、その場でしてあげて下さい。フィードバック（自分のやった行為が正しいかどうか評
　　価を受けること）は早ければ早いほど、本人の学習意欲と定着につながります。

もくじ

通過算1・・・・・・・・・3
　例題1〜2・・・・・・3
　例題3・・・・・・・4
　例題4・・・・・・・5
　問題1〜4・・・・・・6
　例題5〜7・・・・・・7
　例題8・・・・・・・8
　問題5・・・・・・・8
　問題6〜9・・・・・9

テスト1・・・・・・・・・10

通過算2・・・・・・・・・13
　例題9・・・・・・13
　例題10〜11・・・14
　問題10〜12・・・15
　問題13〜16・・・16

テスト2・・・・・・・・・17

通過算3・・・・・・・・・20
　例題12・・・・・20
　例題13〜14・・・21
　問題17〜19・・・22
　問題20〜23・・・23

テスト3・・・・・・・・・24

通過算4・・・・・・・・・28
　例題16〜17・・・28
　問題24〜26・・・29
　問題27〜29・・・30
　問題30〜32・・・31

テスト4・・・・・・・・・32

応用問題・・・・・・・・・35
　問題33〜34・・・・・35
　問題35〜36・・・・・36
　問題37〜38・・・・・37

テスト5・・・・・・・・・38

解答・・・・・・・・・・・・・・・・・42

通過算１

例題１、エム君は１６０ｍの鉄橋を分速５０ｍで歩いて渡りました。橋を渡り始めてから渡り終わるまでに何分かかりますか。

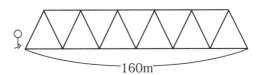

160m

　速さの問題が解ける人には、かんたんな問題ですね。距離：１６０ｍ　速さ：分速５０ｍで、　時間＝距離（道のり）÷速さ　ですから

$$160m ÷ 50m/分 = 3.2分$$
※

（※ 50m/分＝分速50m）

答、＿＿＿3.2＿分＿

例題２、エム君は１６０ｍの鉄橋を秒速１６ｍの電車に乗って通過しました。エム君が橋を通過するのに何秒かかりますか。

　電車に乗っていても、エム君が橋を渡ることには変わりがありませんね。ですから、エム君の速さを秒速１６ｍと考えれば、上の問題と同じように解けます。
　距離：１６０ｍ　速さ：秒速１６ｍ（１６ｍ/秒）です。

$$160m ÷ 16m/秒 = 10秒$$

答、＿＿＿10＿秒＿

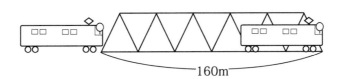

160m

通過算1

例題３、長さ８０ｍの電車が秒速１６ｍで、駅のホームに立っているエム君の前を
　　　通過します。電車がエム君を通過するのに、何秒かかりますか。

　「電車がエム君を通過する」とは、下の図のような状態です。電車の先頭から最後
尾までが通りすぎることです。

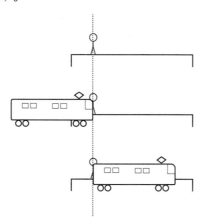

　エム君の体の幅は考えない（以下同じ）とすると、電車がエム君を通過するのに
移動した距離は、ちょうど電車の長さと等しくなります。

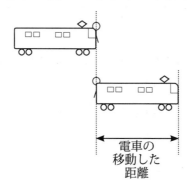

　距離：８０ｍ、速さ：秒速１６ｍ（１６ｍ/秒）ですから

　　　８０ｍ÷１６ｍ/秒＝５秒

答、＿＿＿＿５＿秒

通過算1

例題４、長さ８０ｍの電車が秒速１６ｍで、長さ１６０ｍの鉄橋を通過しました。電車が鉄橋を通過するのに、何秒かかりますか。

「電車が鉄橋を通過する」とは、下の図のような状態です。電車の先頭から最後尾までが通りすぎることです。

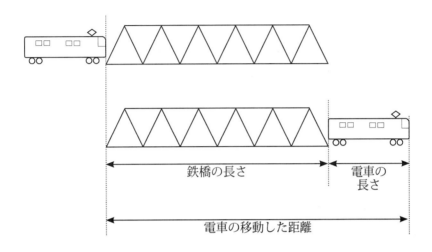

すると、図からわかるように、電車の移動距離は「鉄橋の長さ＋電車の長さ」になりますね。したがって、電車の移動距離は

　　　　１６０ｍ＋８０ｍ＝２４０ｍ

距離：２４０ｍ　速さ：１６ｍ/秒　ですから

　　　　２４０ｍ÷１６ｍ/秒＝１５秒

　　　　　　　　　　　　　　答、＿＿＿１５　秒＿＿＿

◆　　　◆　　　◆　　　◆　　　◆　　　◆　　　◆

通過算１

問題１、エム君は１８０ｍの鉄橋を分速６０ｍで歩いて渡りました。橋を渡り始めてから渡り終わるまでに何分かかりますか。（エム君の体の幅は考えない。以下同じ。）

式

答、＿＿＿＿＿＿分＿＿

問題２、エム君は１８０ｍの鉄橋を秒速１５ｍの電車に乗って通過しました。エム君が橋を通過するのに何秒かかりますか。

式

答、＿＿＿＿＿＿秒＿＿

問題３、長さ９０ｍの電車が秒速１５ｍで、駅のホームに立っているエム君の前を通過します。電車がエム君を通過するのに、何秒かかりますか。

式

答、＿＿＿＿＿＿秒＿＿

問題４、長さ９０ｍの電車が秒速１５ｍで、長さ１８０ｍの鉄橋を通過しました。電車が鉄橋を通過するのに、何秒かかりますか。

式

答、＿＿＿＿＿＿秒＿＿

通過算１

◆　　　◆　　　◆　　　◆　　　◆　　　◆　　　◆

例題５、秒速１９．５ｍの電車が、駅のホームに立っているエム君の前を通過するの
に４秒かかりました。電車の長さは何ｍですか。

　【例題３】で学習したように、「電車がエム君を通過する」ときに移動した距離は、ちょ
うど電車の長さと等しくなるので、距離を求めれば電車の長さとなります。
　速さ：１９ｍ/秒　時間：４秒　　距離＝速さ×時間　ですから

　　　　１９ｍ/秒×４秒＝７６ｍ

答、＿＿＿＿７６＿ｍ＿

例題６、長さ９０ｍの電車が、駅のホームに立っているエム君の前を通過するのに
６秒かかりました。電車の速さは秒速何ｍですか。

　距離＝電車の長さ：９０ｍ　時間：６秒　　速さ＝距離÷時間　ですから

　　　　９０ｍ÷６秒＝１５ｍ/秒

答、＿＿秒速＿１５＿ｍ＿

例題７、秒速１７ｍの電車が、長さ１８０ｍの鉄橋を通過するのに１５秒かかりま
した。電車の長さは何ｍですか。

　速さ：１７ｍ/秒　時間：１５秒　　距離＝速さ×時間　ですから

　　　　１７ｍ/秒×１５秒＝２５５ｍ

　これは、電車が鉄橋を通りすぎた時に移動した距離です。
　【例題４】でやったように「電車が鉄橋を通過する」とは電車の先頭から最後尾ま
でが鉄橋を通りすぎることですから、この時の電車の移動距離は「鉄橋の長さ＋電車

通過算1

の長さ」です。

したがって、電車の長さは

$$255m - 180m = 75m$$

答、＿＿＿75＿m＿

例題8、 長さ55mの電車が、長さ335mの鉄橋を通過するのに13秒かかりました。電車の速さは時速何kmですか。

距離は電車の長さ＋鉄橋の長さですから

$$55m + 335m = 390m$$

距離：390m　時間：13秒

$$390m \div 13秒 = 30m/秒$$

> （※　秒速⇄分速⇄時速の換算については「サイパー思考力算数練習帳シリーズ34　単位の換算 下」を参照してください）

30m/秒、これは秒速30mのことですね。しかしたずねられているのは「時速何kmですか」です。ですから、単位の換算（※）をしなければなりません。

$$30m/秒 = 108km/時　（30m/秒 \times 3600 \div 1000）$$

答、＿時速＿108＿km＿

◆　　　◆　　　◆　　　◆　　　◆　　　◆　　　◆

問題5、 時速55.8kmの電車が、駅のホームに立っているエム君の前を通過するのに6秒かかりました。電車の長さは何mですか。

式

答、＿＿＿＿＿m＿

通過算1

問題６、長さ８４ｍの電車が、駅のホームに立っているエム君の前を通過するのに
７秒かかりました。電車の速さは時速何 km ですか。

式

答、　時速　　　　　km

問題７、時速５７．６km、長さ５６ｍの電車が、鉄橋を通過するのに１８秒かかり
ました。鉄橋の長さは何 m ですか。

式

答、　　　　　　　　m

問題８、時速６１．２km の電車が、長さ１２６ｍの鉄橋を通過するのに１３秒かか
りました。電車の長さは何 m ですか。

式

答、　　　　　　　　m

問題９、長さ７３ｍの電車が、長さ２１２ｍの鉄橋を通過するのに１９秒かかりま
した。電車の速さは時速何 km ですか。

式

答、　時速　　　　　km

テスト1 （各10点×10）

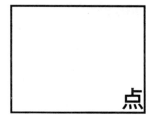

点

テスト1－1、長さ81mの電車が時速48.6kmで、駅の
ホームに立っているエム君の前を通過します。電車がエム
君を通過するのに、何秒かかりますか。

式

答、＿＿＿＿＿＿秒＿＿

テスト1－2、分速900mの電車が、駅のホームに立っているエム君の前を通過
するのに7秒かかりました。電車の長さは何mですか。

式

答、＿＿＿＿＿＿m＿＿

テスト1－3、長さ58mの電車が、駅のホームに立っているエム君の前を通過す
るのに4秒かかりました。電車の速さは時速何kmですか。

式

答、時速＿＿＿＿＿＿km＿＿

テスト1－4、長さ92mの電車が時速41.4kmで、長さ115mの鉄橋を通過
しました。電車が鉄橋を通過するのに、何秒かかりますか。

式

答、＿＿＿＿＿＿秒＿＿

テスト１

テスト１－５、分速１．１４km、長さ６６mの電車が、鉄橋を通過するのに１３秒
　　かかりました。鉄橋の長さは何mですか。

　　式

　　　　　　　　　　　　　　　　　　　　　　　答、＿＿＿＿＿＿m

テスト１－６、時速６１．２kmの電車が、長さ２１３mの鉄橋を通過するのに１７
　　秒かかりました。電車の長さは何mですか。

　　式

　　　　　　　　　　　　　　　　　　　　　　　答、＿＿＿＿＿＿m

テスト１－７、長さ９４mの電車が、長さ０．９kmの鉄橋を通過するのに２８秒か
　　かりました。電車の速さは秒速何mですか。

　　式

　　　　　　　　　　　　　　　　　　　　　　　答、秒速＿＿＿＿m

テスト１

テスト１－８、長さ７６ｍの電車が、長さ９９９ｍのトンネルを通過するのに０．５
分かかりました。電車の速さは時速何 km ですか。

式

答、＿＿時速＿＿＿＿＿＿ km

テスト１－９、時速１４４km、長さ８０ｍの電車が、鉄橋を通過するのに２７秒か
かりました。鉄橋の長さは何 km ですか。

式

答、＿＿＿＿＿＿＿ km

テスト１－１０、時速１２３km の電車が、長さ２．６km のトンネルを通過するのに
１．３分かかりました。電車の長さは何 m ですか。

式

答、＿＿＿＿＿＿＿ m

通過算2

例題9、長さ６５ｍ・秒速１５ｍの普通電車と、長さ１００ｍ・秒速１８ｍの特急
電車が、向かい合わせにすれちがいました。すれちがっていた時間は何秒ですか。

図に書くと下のようになります。

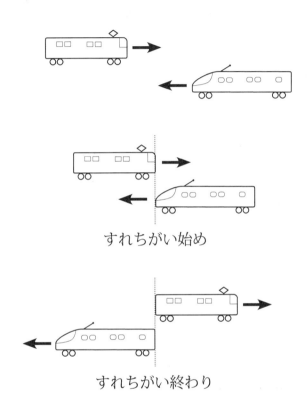

すれちがい始め

すれちがい終わり

　この時、**２つの電車のすれちがった距離は、２つの電車の長さの合計**になります。
下の図のように、１つの電車を止めて図にすると、よくわかります。

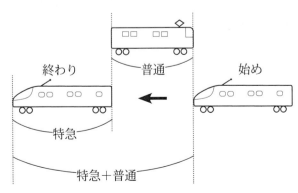

通過算２

また旅人算（※）で学習したように、**２つの電車のすれちがった速さは、向かい合わせの場合は、２つの電車の速さの和**になります。

（※　旅人算については「サイパー思考力算数練習帳シリーズ８　速さと旅人算」を参照してください）

したがって

距離：６５m＋１００m＝１６５m

速さ：１５m/秒＋１８m/秒＝３３m/秒

１６５m÷３３m/秒＝５秒

答、＿＿＿＿５＿秒＿

例題１０、長さ９６m・秒速２０mの普通電車と、秒速１６mの特急電車が、向かい合わせにすれちがったところ、すれちがい始めからすれちがい終わりまでに７秒かかりました。特急電車の長さは何mですか。

２つの電車のすれちがった速さは、２つの電車の速さの和ですから

速さ：２０m/秒＋１６m/秒＝３６m/秒

時間：７秒

３６m/秒×７秒＝２５２m…これは普通電車と特急電車の長さの和ですから

２５２m－９６m＝１５６m

答、＿＿＿＿１５６＿＿m＿

例題１１、長さ４６m・秒速９mの普通電車と、長さ３５mの特急電車が、向かい合わせにすれちがったところ、すれちがい始めからすれちがい終わりまでに３秒かかりました。特急電車の速さは秒速何mですか。

２つの電車のすれちがった距離は、２つの電車の長さの和ですから

距離：４６m＋３５m＝８１m

時間：３秒

通過算２

81m÷3秒＝27m/秒…これは普通電車と特急電車の速さの和ですから

27m/秒－9m/秒＝18m/秒

答、＿＿＿秒速　１８　ｍ＿＿＿

◆　　　◆　　　◆　　　◆　　　◆　　　◆　　　◆

問題１０、長さ４５ｍ・秒速１１．５ｍの普通電車と、長さ７１ｍ・秒速１７．５ｍ
の特急電車が、向かい合わせにすれちがいました。すれちがっていた時間は何秒
ですか。

式

答、＿＿＿＿＿＿＿秒＿＿

問題１１、秒速９．５ｍの普通電車と、長さ８３ｍ・秒速１３ｍの特急電車が、向か
い合わせにすれちがったところ、すれちがい始めからすれちがい終わりまでに６
秒かかりました。普通電車の長さは何ｍですか。

式

答、＿＿＿＿＿＿＿ｍ＿＿

問題１２、長さ１０５ｍ・秒速１２ｍの普通電車と、長さ１２３ｍの特急電車が、
向かい合わせにすれちがったところ、すれちがい始めからすれちがい終わりまで
に８秒かかりました。特急電車の速さは秒速何ｍですか。

式

答、秒速＿＿＿＿＿ｍ＿＿

通過算2

問題１３、長さ４１m・時速６３kmの普通電車と、長さ７６m・時速７７.４kmの
特急電車が、向かい合わせにすれちがいました。すれちがっていた時間は何秒で
すか。

式

答、＿＿＿＿＿＿＿秒

問題１４、長さ７６m・分速３６０mの普通電車と、時速４５kmの特急電車が、向
かい合わせにすれちがったところ、すれちがい始めからすれちがい終わりまでに
１０秒かかりました。特急電車の長さは何mですか。

式

答、＿＿＿＿＿＿＿m

問題１５、長さ３８mの普通電車と、長さ８８m・時速５２.２kmの特急電車が、
向かい合わせにすれちがったところ、すれちがい始めからすれちがい終わりまで
に７秒かかりました。普通電車の速さは分速何mですか。

式

答、分速＿＿＿＿＿＿m

問題１６、長さ７４m・分速１７７０mの普通電車と、長さ１１５mの特急電車が、
向かい合わせにすれちがったところ、すれちがい始めからすれちがい終わりまで
に３秒かかりました。特急電車の速さは時速何kmですか。

式

答、時速＿＿＿＿＿＿km

テスト2　（各10点×10）

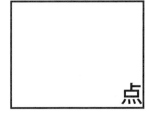

点

テスト2－1、長さ80m・秒速7.5mの普通電車と、長さ
　81m・秒速15.5mの特急電車が、向かい合わせにすれ
　ちがいました。すれちがっていた時間は何秒ですか。
　　式

答、＿＿＿＿＿＿＿秒

テスト2－2、秒速9.5mの普通電車と、長さ92m・秒速16mの特急電車が、
　向かい合わせにすれちがったところ、すれちがい始めからすれちがい終わりまで
　に6秒かかりました。普通電車の長さは何mですか。
　　式

答、＿＿＿＿＿＿＿m

テスト2－3、長さ55m・秒速8mの普通電車と、長さ109mの特急電車が、
　向かい合わせにすれちがったところ、すれちがい始めからすれちがい終わりまで
　に8秒かかりました。特急電車の速さは秒速何mですか。
　　式

答、秒速＿＿＿＿＿m

テスト2－4、長さ63m・時速23.4kmの普通電車と、長さ126m・時速
　52.2kmの特急電車が、向かい合わせにすれちがいました。すれちがっていた
　時間は何秒ですか。
　　式

答、＿＿＿＿＿＿＿秒

テスト2

テスト2－5、長さ73m・分速1020mの普通電車と、時速63kmの特急電車が、向かい合わせにすれちがったところ、すれちがい始めからすれちがい終わりまでに6秒かかりました。特急電車の長さは何mですか。

式

答、＿＿＿＿＿＿＿＿ m

テスト2－6、長さ115mの普通電車と、長さ123m・時速111.6kmの特急電車が、向かい合わせにすれちがったところ、すれちがい始めからすれちがい終わりまでに4秒かかりました。普通電車の速さは分速何mですか。

式

答、 分速＿＿＿＿＿＿＿ m

テスト2－7、長さ120m・分速780mの普通電車と、長さ129m・時速102.6kmの特急電車が、向かい合わせにすれちがいました。すれちがっていた時間は何秒ですか。

式

答、＿＿＿＿＿＿＿＿ 秒

テスト2

テスト2－8、長さ９７ｍの普通電車と、長さ９９ｍ・分速９９０ｍの特急電車が、
向かい合わせにすれちがったところ、すれちがい始めからすれちがい終わりまで
に７秒かかりました。普通電車の速さは時速何 km ですか。

式

答、 時速 _____ km

テスト2－9、長さ９４ｍ・分速９６０ｍの普通電車と、時速７０．２km の特急電
車が向かい合わせにすれちがったところ、すれちがい始めからすれちがい終わり
までに６秒かかりました。特急電車の長さは何 m ですか。

式

答、_____ m

テスト2－10、長さ１３７ｍ・分速１１１０ｍの普通電車と、長さ２１４ｍの特
急電車が、向かい合わせにすれちがったところ、すれちがい始めからすれちがい
終わりまでに９秒かかりました。特急電車の速さは時速何 km ですか。

式

答、 時速 _____ km

通過算３

例題１２、長さ５１ｍ・秒速１９ｍの普通電車を、長さ６８ｍ・秒速２６ｍの特急
電車が追い越しました。追い越しにかかった時間は何秒ですか。

図に書くと下のようになります。

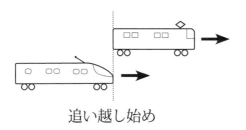

追い越し始め

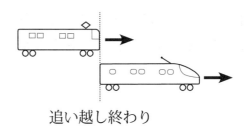

追い越し終わり

　この時、**特急電車が追い越しにかかった距離は、２つの電車の長さの合計**になりま
す。下の図のように、１つの電車を止めて図にすると、よくわかります。

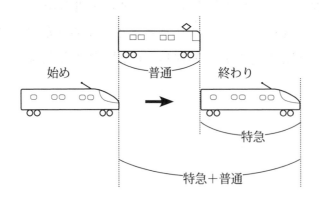

距離：５１ｍ＋６８ｍ＝１１９ｍ

通過算３

また旅人算（※）で学習したように、特急電車が普通電車を**追い越す**ときの速さは、**２つの電車の速さの差**になります。

（※　旅人算については「サイパー思考力算数練習帳シリーズ８　速さと旅人算」を参照してください）

速さ：２６m/秒－１９m/秒＝７m/秒

かかった時間は

１１９m÷７m/秒＝１７秒

答、＿＿＿１７＿＿秒

例題１３、長さ４７m・秒速１８mの普通電車を、秒速２５mの特急電車が追い越したところ、追い越し始めから追い越し終わりまでに１５秒かかりました。特急電車の長さは何mですか。

追い越した速さは、２つの電車の速さの差ですから

速さ：２５m/秒－１８m/秒＝７m/秒

時間：１５秒

７m/秒×１５秒＝１０５m…これは普通電車と特急電車の長さの和ですから

１０５m－４７m＝５８m

答、＿＿＿５８＿＿m

例題１４、長さ７５m・秒速１７mの普通電車を、長さ１０５mの特急電車が追い越したところ、追い越し始めから追い越し終わりまでに２０秒かかりました。特急電車の速さは秒速何mですか。

追い越した距離は、２つの電車の長さの和ですから

距離：７５m＋１０５m＝１８０m

時間：２０秒

通過算3

180m÷20秒＝9m/秒…これは特急電車と普通電車の速さの差ですから

17m/秒＋9m/秒＝26m/秒

答、　　秒速　２６　ｍ

◆　　　◆　　　◆　　　◆　　　◆　　　◆　　　◆

問題１７、長さ４９ｍ・秒速１０．５ｍの普通電車を、長さ６３ｍ・秒速１４ｍの特
　　急電車が追い越しました。追い越しにかかった時間は何秒ですか。

式

答、＿＿＿＿＿＿＿＿＿＿＿＿秒

問題１８、長さ９８ｍ・秒速９ｍの普通電車を、秒速１６．５ｍの特急電車が追い越
　　したところ、追い越し始めから追い越し終わりまでに２８秒かかりました。特急
　　電車の長さは何ｍですか。

式

答、＿＿＿＿＿＿＿＿＿＿ｍ

問題１９、長さ６４ｍ・秒速７．５ｍの普通電車を、長さ１１８ｍの特急電車が追い
　　越したところ、追い越し始めから追い越し終わりまでに１４秒かかりました。特
　　急電車の速さは秒速何ｍですか。

式

答、　秒速＿＿＿＿＿＿＿＿ｍ

通過算３

問題２０、長さ８１ｍ・時速４３.２ｋｍの普通電車を、長さ１３６ｍ分速１６５０
ｍの特急電車が追い越しました。追い越しにかかった時間は何秒ですか。

式

答、＿＿＿＿＿＿＿＿＿＿秒

問題２１、秒速１６ｍの普通電車を、長さ１０４ｍ・秒速１７.５ｍの特急電車が追
い越したところ、追い越し始めから追い越し終わりまでに２分かかりました。普
通電車の長さは何ｍですか。

式

答、＿＿＿＿＿＿＿＿＿＿ｍ

問題２２、長さ９０ｍの普通電車を、長さ９９ｍ・秒速３６.５ｍの特急電車が追い
越したところ、追い越し始めから追い越し終わりまでに９秒かかりました。普通
電車の速さは秒速何ｍですか。

式

答、秒速＿＿＿＿＿＿＿＿ｍ

問題２３、長さ９７ｍ・秒速２２.５ｍの普通電車を、時速９０ｋｍの特急電車が追
い越したところ、追い越し始めから追い越し終わりまでに１.３分かかりました。
普通電車の長さは何ｍですか。

式

答、＿＿＿＿＿＿＿＿＿＿ｍ

テスト3　（各１０点×１０）

点

テスト３－１、長さ６０ｍ・秒速１０．５ｍの普通電車を、
長さ９０ｍ・秒速１５．５ｍの特急電車が追い越しました。
追い越しにかかった時間は何秒ですか。

式

答、＿＿＿＿＿＿＿＿＿＿　秒

テスト３－２、長さ８４ｍ・秒速１２．５ｍの普通電車を、秒速３４ｍの特急電車が
追い越したところ、追い越し始めから追い越し終わりまでに８秒かかりました。
特急電車の長さは何ｍですか。

式

答、＿＿＿＿＿＿＿＿＿＿　ｍ

テスト３－３、長さ６１ｍ・秒速９ｍの普通電車を、長さ９８ｍの特急電車が追い
越したところ、追い越し始めから追い越し終わりまでに６秒かかりました。特急
電車の速さは秒速何ｍですか。

式

答、秒速＿＿＿＿＿＿＿＿　ｍ

テスト３－４、長さ７５ｍ・時速５２．２ｋｍの普通電車を、長さ８６ｍ・分速
１２９０ｍの特急電車が追い越しました。追い越しにかかった時間は何秒ですか。

式

答、＿＿＿＿＿＿＿＿＿＿　秒

テスト３

テスト３－５、秒速１６．５ｍの普通電車を、長さ１７９ｍ・秒速２７ｍの特急電車
　　が追い越したところ、追い越し始めから追い越し終わりまでに０．５分かかりまし
　　た。普通電車の長さは何ｍですか。

　　式

　　　　　　　　　　　　　　　　　　　答、＿＿＿＿＿＿＿＿＿＿＿ｍ

テスト３－６、長さ７０ｍの普通電車を、長さ９８ｍ・秒速２９．５ｍの特急電車が
　　追い越したところ、追い越し始めから追い越し終わりまでに１６秒かかりました。
　　普通電車の速さは分速何ｍですか。

　　式

　　　　　　　　　　　　　　　　　　　答、　分速＿＿＿＿＿＿＿＿ｍ

テスト３－７、長さ１０８ｍ・時速４５ｋｍの普通電車を、長さ１５６ｍ・分速
　　８７０ｍの特急電車が追い越しました。追い越しにかかった時間は何分ですか。

　　式

　　　　　　　　　　　　　　　　　　　答、＿＿＿＿＿＿＿＿＿＿＿分

テスト3

テスト3-8、長さ64m・時速57.6kmの普通電車を、秒速19.5mの特急電車が追い越したところ、追い越し始めから追い越し終わりまでに0.8分かかりました。特急電車の長さは何mですか。

式

答、＿＿＿＿＿＿＿＿＿m

テスト3-9、長さ73m・秒速9.5mの普通電車を、長さ116mの特急電車が追い越したところ、追い越し始めから追い越し終わりまでに18秒かかりました。特急電車の速さは時速何kmですか。

式

答、 時速 ＿＿＿＿＿＿km

テスト3-10、長さ82m・分速1620mの普通電車を、長さ98m・時速99kmの特急電車が追い越しました。追い越しにかかった時間は何時間ですか。

式

答、＿＿＿＿＿＿＿＿＿時間

通過算4

例題１５、長さ６８ｍ・秒速１６ｍの電車が、長さ９００ｍのトンネルを通りぬけました。電車がトンネルの中に完全にかくれていた時間は何秒ですか。

電車がトンネルにかくれているのは、下の絵の範囲です。

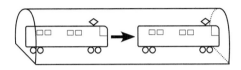

わかりやすく図にすると次のようになります。

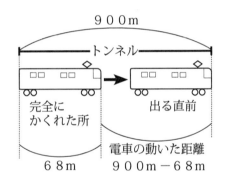

図からわかるように、電車の動いた距離はトンネルの長さから電車の長さを引いたものです。

距離：９００ｍ－６８ｍ＝８３２ｍ

速さ：１６ｍ/秒

８３２ｍ÷１６ｍ/秒＝５２秒

答、＿＿＿５２＿秒＿

通過算４

例題１６、 長さ４３ｍ・秒速１０ｍの普通電車と長さ１１２ｍ・秒速１３ｍの特急電車が向かい合わせにすれちがいました。２つの電車が完全に重なっていた時間は何秒ですか。

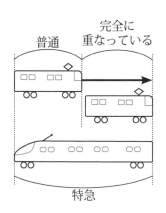

　　２つの電車が完全に重なっているのは、右の図の範囲です。

　　図からわかるように、電車の動いた距離は**特急電車の長さから普通電車の長さを引いた**ものです。

　　また旅人算（※）で学習したように、**２つの電車のすれちがった速さは、向かい合わせの場合は、２つの電車の速さの和**になります。

> （※　旅人算については「サイパー思考力算数練習帳シリーズ８　速さと旅人算」を参照してください）

距離：１１２ｍ－４３ｍ＝６９ｍ

速さ：１０ｍ/秒＋１３ｍ/秒＝２３ｍ/秒

　６９ｍ÷２３ｍ/秒＝３秒

答、＿＿＿３＿秒＿＿＿

例題１７、 長さ８２ｍ・秒速１２ｍの普通電車を、長さ１２７ｍ・秒速１７ｍの特急電車がおいこしました。２つの電車が完全に重なっていた時間は何秒ですか。

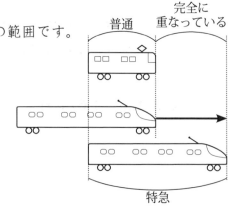

　　２つの電車が完全に重なっているのは、右の図の範囲です。

　　図からわかるように、**電車の動いた距離は特急電車の長さから普通電車の長さを引いた**ものです。

通過算４

　また旅人算（※）で学習したように、特急電車が普通電車を**追い越す**ときの速さは、２つの電車の速さの**差**になります。

距離：１２７ｍ－８２ｍ＝４５ｍ

速さ：１７ｍ/秒－１２ｍ/秒＝５ｍ/秒

４５ｍ÷５ｍ/秒＝９秒

答、＿＿＿＿９＿秒＿

◆　　　◆　　　◆　　　◆　　　◆　　　◆　　　◆

問題２４、長さ１３０ｍ・秒速５．５ｍの電車が、長さ２８４ｍのトンネルを通りぬけました。電車がトンネルの中に完全にかくれていた時間は何秒ですか。

式

答、＿＿＿＿＿＿＿＿＿秒＿

問題２５、秒速７ｍの電車が長さ２０４ｍのトンネルを通りぬけたとき、電車がトンネルの中に完全にかくれていた時間は１７秒でした。電車の長さは何ｍですか。

式

答、＿＿＿＿＿＿＿＿＿ｍ＿

問題２６、長さ９２ｍの電車が長さ３６２ｍのトンネルを通りぬけたとき、電車がトンネルの中に完全にかくれていた時間は１分でした。電車の速さは秒速何ｍですか。（式・答は次のページに）

通過算４

（問題２６）式

答、＿＿＿秒速＿＿＿＿＿＿＿ｍ

問題２７、長さ５３ｍ・秒速６ｍの普通電車と長さ８０ｍ・秒速７．５ｍの特急電車
が向かい合わせにすれちがいました。２つの電車が完全に重なっていた時間は何
秒ですか。

式

答、＿＿＿＿＿＿＿＿＿＿秒

問題２８、秒速９．５ｍの普通電車と長さ１０７ｍ・秒速１３．５ｍの特急電車が向
かい合わせにすれちがったとき、２つの電車が完全に重なっていた時間は３秒で
した。特急電車の方が長い時、普通電車の長さは何ｍですか。

式

答、＿＿＿＿＿＿＿＿＿＿ｍ

問題２９、長さ６６ｍの普通電車と長さ１２１ｍ・秒速１４．５ｍの特急電車が向か
い合わせにすれちがったとき、２つの電車が完全に重なっていた時間は２秒でし
た。普通電車の速さは秒速何ｍですか。

式

答、＿＿＿秒速＿＿＿＿＿＿＿ｍ

通過算４

問題３０、長さ４２ｍ・秒速６.５ｍの普通電車を、長さ１１２ｍ・秒速１６.５ｍ
　の特急電車がおいこしました。２つの電車が完全に重なっていた時間は何秒です
　か。

　式

答、＿＿＿＿＿＿＿＿＿＿秒

問題３１、秒速１２.５ｍの普通電車を、長さ９８ｍ・秒速１３ｍの特急電車がおい
　こしたとき、２つの電車が完全に重なっていた時間は３４秒でした。特急電車の
　方が長い時、普通電車の長さは何ｍですか。

　式

答、＿＿＿＿＿＿＿＿＿＿ｍ

問題３２、長さ７８ｍの普通電車を、長さ１２３ｍ・秒速１７.５ｍの特急電車がお
　いこしたとき、２つの電車が完全に重なっていた時間は５秒でした。普通電車の
　速さは秒速何ｍですか。

　式

答、＿＿秒速＿＿＿＿＿＿ｍ

テスト4　（各10点×10）

点

テスト4−1、長さ68m・秒速7mの電車が、長さ201m
　　のトンネルを通りぬけました。電車がトンネルの中に完全に
　　かくれていた時間は何秒ですか。

　　式

　　　　　　　　　　　　　　　　　答、＿＿＿＿＿＿＿＿＿＿＿秒

テスト4−2、時速54kmの電車が長さ148mのトンネルを通りぬけたとき、電
　　車がトンネルの中に完全にかくれていた時間は7秒でした。電車の長さは何mで
　　すか。

　　式

　　　　　　　　　　　　　　　　　答、＿＿＿＿＿＿＿＿＿＿＿m

テスト4−3、長さ116mの電車が長さ1.1kmのトンネルを通りぬけたとき、
　　電車がトンネルの中に完全にかくれていた時間は48秒でした。電車の速さは分
　　速何mですか。

　　式

　　　　　　　　　　　　　　　答、＿＿＿分速＿＿＿＿＿＿m

テスト4−4、長さ59m・秒速13mの普通電車と長さ146m・秒速16mの
　　特急電車が向かい合わせにすれちがいました。2つの電車が完全に重なっていた
　　時間は何秒ですか。

　　式

　　　　　　　　　　　　　　　　　　　（解答欄は次のページに）

テスト４

テスト４－５、秒速６.５ｍの普通電車と、長さ１９１ｍ・時速６３kmの特急電車が向かい合わせにすれちがったとき、２つの電車が完全に重なっていた時間は５秒でした。特急電車の方が長い時、普通電車の長さは何ｍですか。

式

答、＿＿＿＿＿＿＿＿＿＿＿＿　ｍ

テスト４－６、長さ４２ｍの普通電車と、長さ１８３ｍ・秒速１２ｍの特急電車が向かい合わせにすれちがったとき、２つの電車が完全に重なっていた時間は６秒でした。普通電車の速さは分速何ｍですか。

式

答、＿＿＿分速＿＿＿＿＿＿＿　ｍ

テスト４－７、長さ５５ｍ・秒速７ｍの普通電車を、長さ１２４ｍ・秒速１８.５ｍの特急電車がおいこしました。２つの電車が完全に重なっていた時間は何秒ですか。

式

答、＿＿＿＿＿＿＿＿＿＿＿＿　秒

テスト４

テスト４－８、秒速１４ｍの普通電車を、長さ２１６ｍ・分速１５６０ｍの特急電
　　車がおいこしたとき、２つの電車が完全に重なっていた時間は１１秒でした。特
　　急電車の方が長い時、普通電車の長さは何ｍですか。

　　式

　　　　　　　　　　　　　　　　　　　　　　答、＿＿＿＿＿＿＿＿＿＿ｍ＿＿

テスト４－９、長さ９２ｍの普通電車を、長さ１９４ｍ・時速５９.４ｋｍの特急電
　　車がおいこしたとき、２つの電車が完全に重なっていた時間は１７秒でした。普
　　通電車の速さは分速何ｍですか。

　　式

　　　　　　　　　　　　　　　　　　　　　　答、＿＿分速＿＿＿＿＿＿ｍ＿＿

テスト４－１０、長さ６７ｍ・秒速２１.５ｍの普通電車を、長さ２２３ｍの特急電
　　車がおいこしたとき、２つの電車が完全に重なっていた時間は１.３分でした。特
　　急電車の速さは秒速何ｍですか。

　　式

　　　　　　　　　　　　　　　　　　　　　　答、＿＿秒速＿＿＿＿＿＿ｍ＿＿

M. access（エム・アクセス）編集　認知工学発行の既刊本

★は最も適した時期
●はお勧めできる時期

サイパー®思考力算数練習帳シリーズ		対象学年	小1	小2	小3	小4	小5	小6	受験
シリーズ1　文章題 たし算・ひき算	たし算・ひき算の文章題を絵や図を使って練習します。 ISBN978-4-901705-00-4 本体 500 円（税別）		★	●	●				
シリーズ2　文章題 比較・順序・線分図　新装版	数量の変化や比較の複雑な場合までを練習します。 ISBN978-4-86712-102-3 本体 600 円（税別）				★				
シリーズ3　文章題 和差算・分配算	線分図の意味を理解し、自分で描く練習します。 ISBN978-4-901705-02-8 本体 500 円（税別）					★	●	●	●
シリーズ4　文章題 たし算・ひき算 2	シリーズ1の続編、たし算・ひき算の文章題。 ISBN978-4-901705-03-5 本体 500 円（税別）		★	●	●				
シリーズ5 量　倍と単位あたり　新装版	倍と単位当たりの考え方を直感的に理解できます。 ISBN978-4-86712-105-4 本体 500 円（税別）					★	●	●	
シリーズ6　文章題 どっかい算	問題文を正確に読解することを練習します。整数範囲。 ISBN978-4-901705-05-9 本体 500 円（税別）					●	●	●	●
シリーズ7　パズル ＋－×÷パズル	＋－×÷のみを使ったパズルで、思考力がつきます。 ISBN978-4-901705-06-6 本体 500 円（税別）					●	●	●	●
シリーズ8　文章題 速さと旅人算	速さの意味を理解します。旅人算の基礎まで。 ISBN978-4-901705-07-3 本体 500 円（税別）					●	●	●	●
シリーズ9　パズル ＋－×÷パズル 2	＋－×÷のみを使ったパズル。シリーズ7の続編。 ISBN978-4-901705-08-0 本体 500 円（税別）					●	●	●	●
シリーズ10　文章題 倍から割合へ　売買算	倍と割合が同じ意味であることで理解を深めます。 ISBN978-4-901705-09-7 本体 500 円（税別）					●	★	●	●
シリーズ11　文章題 つるかめ算・差集め算の考え方　新装版	差の変化に着目して意味を理解します。整数範囲。 ISBN978-4-86712-111-5 本体 600 円（税別）					●	★	●	●
シリーズ12　文章題 周期算　新装版	わり算の意味と周期の関係を深く理解します。整数範囲。 ISBN978-4-86712-112-2 本体 600 円（税別）					●	★	●	●
シリーズ13　図形 点描写 1　立体など　新装版	点描写を通じて立体感覚・集中力・短期記憶を訓練。 ISBN978-4-86712-113-9 本体 600 円（税別）		★	★	★	●	●	●	●
シリーズ14　パズル 素因数パズル	素因数分解をパズルを楽しみながら理解します。 ISBN978-4-901705-13-4 本体 500 円（税別）					●	●	●	●
シリーズ15　文章題 方陣算 1	中空方陣・中実方陣の意味から基礎問題まで。整数範囲。 ISBN978-4-901705-14-1 本体 500 円（税別）					●	●	●	●
シリーズ16　文章題 方陣算 2	過不足を考える。2列3列の中空方陣。整数範囲。 ISBN978-4-901705-15-8 本体 500 円（税別）					●	●	●	●
シリーズ17　図形 点描写 2　（線対称）	点描写を通じて線対称・集中力・図形センスを訓練。 ISBN978-4-901705-16-5 本体 500 円（税別）		★	●	●	●	●	●	●
シリーズ18　図形 点描写 3　（点対称）	点描写を通じて点対称・集中力・図形センスを訓練。 ISBN978-4-901705-17-2 本体 500 円（税別）		●	★	★	●	●	●	●
シリーズ19　パズル 四角わけパズル　初級	面積と約数の感覚を鍛えるパズル。九九の範囲で解ける。 ISBN978-4-901705-18-9 本体 500 円（税別）				★	●	●	●	●
シリーズ20　パズル 四角わけパズル　中級	2桁×1桁の掛け算で解ける。8×8～16×16のマスまで。 ISBN978-4-901705-19-6 本体 500 円（税別）				★	●	●	●	●
シリーズ21　パズル 四角わけパズル　上級	10×10～16×16のマスまでのサイズです。 ISBN978-4-901705-20-2 本体 500 円（税別）				●	★	●	●	●
シリーズ22　作業 暗号パズル	暗号のルールを正確に実行することで作業性を高めます。 ISBN978-4-901705-21-9 本体 500 円（税別）					★	●	●	
シリーズ23　場合の数 書き上げて解く 順序　新装版	場合の数の順序を順序よく書き上げて作業性を高めます。 ISBN978-4-86712-123-8 本体 600 円（税別）					●	★	★	●
シリーズ24　場合の数 書き上げて解く 組み合わせ	場合の数の組み合わせを書き上げて作業性を高めます。 ISBN978-4-901705-23-3 本体 500 円（税別）					●	★	★	●
シリーズ25　パズル ビルディングパズル　初級	階数の異なるビルを当てはめる。立体感覚と思考力を育成。 ISBN978-4-901705-24-0 本体 500 円（税別）		●	★	★	★			
シリーズ26　パズル ビルディングパズル　中級	ビルの入るマスは5行5列。立体感覚と思考力を育成。 ISBN978-4-901705-25-7 本体 500 円（税別）					●	★	★	●
シリーズ27　パズル ビルディングパズル　上級	ビルの入るマスは6行6列。大人でも十分楽しめます。 ISBN978-4-901705-26-4 本体 500 円（税別）						●	●	★
シリーズ28　文章題 植木算　新装版	植木算の考え方を基礎から学びます。整数範囲。 ISBN978-4-86712-128-3 本体 600 円（税別）					★	●	●	●
シリーズ29　文章題 等差数列 上	等差数列を基礎から理解できます。3桁÷2桁の計算あり。 ISBN978-4-901705-28-8 本体 500 円（税別）					●	★	●	●
シリーズ30　文章題 等差数列 下	整数の性質、規則性の理解もできます。3桁÷2桁の計算 ISBN978-4-901705-29-5 本体 500 円（税別）					●	★	●	●
シリーズ31　文章題 まんじゅう算	まんじゅう1個の重さを求める感覚。小学生のための方程式。 ISBN978-4-901705-30-1 本体 500 円（税別）					●	★	★	●
シリーズ32　単位 単位の換算 上	長さ等の単位の換算を基礎から徹底的に学習します。 ISBN978-4-901705-31-8 本体 500 円（税別）					★	●	●	●

M. access（エム・アクセス）編集　認知工学発行の既刊本

★は最も適した時期
●はお勧めできる時期

サイパー® 思考力算数練習帳シリーズ		対象学年	小1	小2	小3	小4	小5	小6	受験
シリーズ３３　　単位 単位の換算　中	時間等の単位の換算を基礎から徹底的に学習します。 ISBN978-4-901705-32-5 本体 500 円（税別）					●	★	●	●
シリーズ３４　　単位 単位の換算　下	速さ等の単位の換算を基礎から徹底的に学習します。 ISBN978-4-901705-33-2 本体 500 円（税別）					●	★	●	●
シリーズ３５　数の性質１ 倍数・公倍数	倍数の意味から公倍数の応用問題までを徹底的に学習。 ISBN978-4-901705-34-9 本体 500 円（税別）					●	★	●	●
シリーズ３６　数の性質２ 約数・公約数	約数の意味から公約数の応用問題までを徹底的に学習。 ISBN978-4-901705-35-6 本体 500 円（税別）					●	★	●	●
シリーズ３７　　文章題 消去算	消去算の基礎から応用までを整数範囲で学習します。 ISBN978-4-901705-36-3 本体 500 円（税別）								★
シリーズ３８　　図形 角度の基礎	角度の測り方から、三角定規・平行・時計などを練習。 ISBN978-4-901705-37-0 本体 500 円（税別）					★			
シリーズ３９　　図形 面積　上　新装版	面積の意味・正方形・長方形・平行四辺形・三角形 ISBN978-4-86712-139-0 本体 600 円（税別）					●	●	●	●
シリーズ４０　　図形 面積　下　新装版	台形・ひし形・たこ形。面積から長さを求める。 ISBN978-4-86712-140-5 本体 600 円（税別）					●	●	●	●
シリーズ４１　数量関係 比の基礎　新装版	比の意味から、比例式・比例配分・連比等の練習 ISBN978-4-86712-141-2 本体 600 円（税別）						●	★	●
シリーズ４２　　図形 面積　応用編１	等積変形や底辺の比と面積比の関係などを学習します。 ISBN978-4-901705-96-7 本体 500 円（税別）						●	★	●
シリーズ４３　　計算 逆算の特訓　上　新装版	１から３ステップの逆算を整数範囲で学習します。 ISBN978-4-86712-143-6 本体 600 円（税別）				●	★	●	●	
シリーズ４４　　計算 逆算の特訓　下　新装版	あまりのあるわり算の逆算、分数範囲の逆算等を学習。 ISBN978-4-86712-144-3 本体 600 円（税別）						●	★	
シリーズ４５　　文章題 どっかいざん２	問題の書きかたの難しい文章題。たしざんひきざん範囲。 ISBN978-4-901705-83-7 本体 500 円（税別）		●	★	●	●			
シリーズ４６　　図形 体積　上　新装版	体積の意味・立方体・直方体・○柱・○錐の体積の求め方まで。 ISBN978-4-86712-146-7 本体 600 円（税別）					●	★	●	●
シリーズ４７　　図形 体積　下　容積	容積、不規則な形のものの体積、容器に入る水の体積 ISBN978-4-86712-047-7 本体 500 円（税別）					●	★	●	●
シリーズ４８　　文章題 通過算	鉄橋の通過、列車同士のすれちがい、追い越しなどの問題。 ISBN978-4-86712-048-4 本体 500 円（税別）						●	●	●
シリーズ４９　　文章題 流水算	川を上る船、下る船、船の行き交いに関する問題。 ISBN978-4-86712-049-1 本体 500 円（税別）						●	●	●
シリーズ５０　数の性質３ 倍数・約数の応用１　新装版	倍数・約数とあまりとの関係に関する問題・応用１ ISBN978-4-86712-150-4 本体 600 円（税別）						●	●	●
シリーズ５１　数の性質４ 倍数・約数の応用２	公倍数・公約数とあまりとの関係に関する問題・応用２ ISBN978-4-86712-051-4 本体 500 円（税別）						●	●	●
シリーズ５２　　文章題 面積図１	面積図の考え方・平均算・つるかめ算 ISBN978-4-86712-052-1 本体 500 円（税別）						●	●	●
シリーズ５３　　文章題 面積図２	差集め算・過不足算・濃度・個数が逆 ISBN978-4-86712-053-8 本体 500 円（税別）						●	●	●
シリーズ５４　文章題 ひょうでとくもんだい	つるかめ算・差集め算・過不足算を表を使って解く ISBN978-4-86712-154-2 本体 600 円（税別）		●	★	●	●			
シリーズ５５　文章題 等しく分ける	数の大小関係、倍の関係、均等に分ける、数直線の基礎 ISBN978-4-86712-155-9 本体 600 円（税別）		●	●	★	●			

サイパー® 国語読解の特訓シリーズ		対象学年	小1	小2	小3	小4	小5	小6	受験
シリーズ一 文の組み立て特訓	修飾・被修飾の関係をくり返し練習します。 ISBN978-4-901705-50-9 本体 500 円（税別）					●	★	●	●
シリーズ三 指示語の特訓　上　新装版	指示語がしめす内容を正確にとらえる練習をします。 ISBN978-4-86712-203-7 本体 600 円（税別）					●	★	●	●
シリーズ四 指示語の特訓　下	指示語上の応用編です。長文での練習をします。 ISBN978-4-901705-53-0 本体 500 円（税別）						●	★	●
シリーズ五 こくごどっかいのとっくん・小1レベル・	ひらがなとカタカナ・文節にわける・文のかきかえなど ISBN978-4-901705-54-7 本体 500 円（税別）		★	●					
シリーズ六 こくごどっかいのとっくん・小2レベル・	文の並べかえ・かきかえ・こそあど言葉・助詞の使い方 ISBN978-4-901705-55-4 本体 500 円（税別）			★	●				
シリーズ七 語彙（ごい）の特訓　甲	文字を並べかえるパズルをして語彙を増やします。 ISBN978-4-901705-56-1 本体 500 円（税別）				★	●	●		
シリーズ八 語彙（ごい）の特訓　乙	甲より難しい内容の形容詞・形容動詞を扱います。 ISBN978-4-901705-57-8 本体 500 円（税別）					★	●	●	

サイパー® 国語読解の特訓シリーズ		対象学年	小1	小2	小3	小4	小5	小6	受験
シリーズ 九 読書の特訓 甲	芥川龍之介の「鼻」。助詞・接続語の練習。 ISBN978-4-901705-58-5 本体 500 円 (税別)					●	★	●	●
シリーズ 十 読書の特訓 乙	有島武郎の「一房の葡萄」。助詞・接続語の練習。 ISBN978-4-901705-59-2 本体 500 円 (税別)					●	★	●	●
シリーズ 十一 作文の特訓 甲	間違った文・分かりにくい文を訂正して作文を学びます。 ISBN978-4-901705-60-8 本体 500 円 (税別)					●	★	●	●
シリーズ 十二 作文の特訓 乙	敬語や副詞の呼応など言葉のきまりを学習します。 ISBN978-4-901705-61-5 本体 500 円 (税別)						●	★	●
シリーズ 十三 読書の特訓 丙	宮沢賢治の「オツベルと象」。助詞・接続語の練習。 ISBN978-4-901705-62-2 本体 500 円 (税別)						●	★	●
シリーズ 十四 読書の特訓 丁	森鴎外の「高瀬舟」。助詞・接続語の練習。 ISBN978-4-901705-63-9 本体 500 円 (税別)						●	★	●
シリーズ 十五 文の書きかえ特訓	体言止め・〜こと・受身・自動詞 / 他動詞の書きかえ。 ISBN978-4-901705-64-6 本体 500 円 (税別)				●	★	●	●	
シリーズ 十六 新・文の並べかえ特訓 上	文節を並べかえて正しい文を作る。2〜4文節、初級編 ISBN978-4-901705-65-3 本体 500 円 (税別)		●	★	●				
シリーズ 十七 新・文の並べかえ特訓 中	文節を並べかえて正しい文を作る。4 文節、中級編 ISBN978-4-901705-66-0 本体 500 円 (税別)				●	★	●		
シリーズ 十八 新・文の並べかえ特訓 下	文節を並べかえて正しい文を作る。4 文節以上、一般向き ISBN978-4-901705-67-7 本体 500 円 (税別)						●	★	●
シリーズ 十九 論理の特訓 甲	論理的思考の基礎を言葉を使って学習。入門編 ISBN978-4-901705-68-4 本体 500 円 (税別)					●	★	●	
シリーズ 二十 論理の特訓 乙	論理的思考の基礎を言葉を使って学習。応用編 ISBN978-4-901705-69-1 本体 500 円 (税別)					●	★	●	
シリーズ 二十一 かんじパズル 甲	パズルでたのしくかんじをおぼえよう。1,2年配当漢字 ISBN978-4-901705-85-1 本体 500 円 (税別)		●	★	●				
シリーズ 二十二 漢字パズル 乙	パズルで楽しく漢字を覚えよう。3,4 配当漢字 ISBN978-4-901705-86-8 本体 500 円 (税別)				●	★	●		
シリーズ 二十三 漢字パズル 丙	パズルで楽しく漢字を覚えよう。5,6 配当漢字 ISBN978-4-901705-87-5 本体 500 円 (税別)						●	★	●
シリーズ 二十四 敬語の特訓	正しい敬語の使い方。教養としての敬語。 ISBN978-4-901705-88-2 本体 500 円 (税別)					●	★	●	
シリーズ 二十六 つづりかえの特訓 乙	単語のつづり・多様な知識を身につけよう。 ISBN978-4-901705-77-6 本体 500 円 (税別) （同「甲」は絶版）						●	★	●
シリーズ 二十七 要約の特訓 上	楽しく文章を書きます。読解と要約の特訓。 ISBN978-4-901705-78-3 本体 500 円 (税別)					●	★	●	
シリーズ 二十八 要約の特訓 中 新装版	楽しく文章を書きます。読解と要約の特訓。上の続き。 ISBN978-4-86712-228-0 本体 600 円 (税別)						●	★	●
シリーズ 二十九 文の組み立て特訓 主語・述語専科	主語・述語の関係の特訓、文の構造を理解する。 ISBN978-4-901705-43-1 本体 500 円 (税別)						●	★	●
シリーズ 三十 文の組み立て特訓 修飾・被修飾専科	修飾・被修飾の関係の特訓、文の構造を理解する。 ISBN978-4-901705-44-8 本体 500 円 (税別)						●	★	●
シリーズ 三十一 文法の特訓 名詞編	名詞とは何か。名詞の分類を学習します。 ISBN978-4-901705-45-5 本体 500 円 (税別)						●	★	●
シリーズ 三十二 文法の特訓 動詞編 上	五段活用、上一段活用、下一段活用を学習します。 ISBN978-4-901705-46-2 本体 500 円 (税別)						●	★	●
シリーズ 三十三 文法の特訓 動詞編 下	カ行変格活用、サ行変格活用と動詞の応用を学習します。 ISBN978-4-901705-47-9 本体 500 円 (税別)						●	★	●
シリーズ 三十四 文法の特訓 形容詞・形容動詞編	形容詞と形容動詞の役割と意味 活用・難しい判別 総合 ISBN978-4-901705-48-6 本体 500 円 (税別)						●	★	●
シリーズ 三十五 文法の特訓 副詞・連体詞編	副詞・連体詞の役割と意味 呼応 犠牲・擬態語 総合 ISBN978-4-901705-49-3 本体 500 円 (税別)						●	★	●
シリーズ 三十六 文法の特訓 助動詞・助詞編	助動詞・助詞の役割と意味 助動詞の活用 総合 ISBN978-4-901705-71-4 本体 500 円 (税別)						●	★	●
シリーズ 三十七 要約の特訓 下 実践編	楽しく文章を書きます。シリーズ 27,28 の続きで完結編 ISBN978-4-901705-72-1 本体 500 円 (税別)						●	★	●
シリーズ 三十八 十回音読と音読書写 甲	これだけで国語力UP。音読と書写の毎日訓練。「ロシアのおとぎ話」ISBN978-4-901705-73-8 本体 500 円 (税別)				●	★	●	●	
シリーズ 三十九 十回音読と音読書写 乙	これだけで国語力UP。音読と書写の毎日訓練。「ごんぎつね」 ISBN978-4-901705-74-5 本体 500 円 (税別)				●	★	●	●	
シリーズ 四十 一回黙読と（かっこ）要約 甲	（ ）を埋めて要約することで、文の精読の訓練ができます ISBN978-4-901705-84-4 本体 500 円 (税別)					●	★	●	●
シリーズ 四十一 一回黙読と（かっこ）要約 乙	（ ）を埋めて要約することで、文の精読の訓練ができます ISBN978-4-901705-91-2 本体 500 円 (税別)					●	★	●	●

※「新装版」について。問題・解答など、本文内容は旧版と同じものです。

サイパー®シリーズ：日本を知る社会・仕組みが分かる理科・英語		対象年齢
社会シリーズ1 日本史人名一問一答	難関中学受験向けの問題集。506問のすべてに選択肢つき。 ISBN978-4-901705-70-7 本体 500 円 (税別)	小6以上 中学生も可
理科シリーズ1 電気の特訓 新装版	水路のイメージから電気回路の仕組みを理解します。 ISBN978-4-86712-001-9 本体 600 円 (税別)	小6以上 中学生も可
理科シリーズ2 てこの基礎 上	支点・力点・作用点から 重さのあるてこのつり合いまで。 ISBN978-4-901705-81-3 本体 500 円 (税別)	小6以上 中学生も可
理科シリーズ3 てこの基礎 下	上下の力のつり合い、4つ以上の力のつりあい、比で解くなど。 ISBN978-4-901705-82-0 本体 500 円 (税別)	小6以上 中学生も可

学習能力育成シリーズ		対象年齢
新・中学受験は自宅でできる - 学習塾とうまくつきあう法 -	塾の長所短所、教え込むことの弊害、学習能力の伸ばし方 ISBN978-4-901705-92-9 本体 800 円 (税別)	保護者
中学受験は自宅でできるII お母さんが高める子どもの能力	栄養・睡眠・遊び・しつけと学習能力の関係を説明 ISBN978-4-901705-98-1 本体 500 円 (税別)	保護者
中学受験は自宅でできるIII マインドフルネス学習法®	マインドフルネスの成り立ちから学習への応用をわかりやすく説明 ISBN978-4-901705-99-8 本体 500 円 (税別)	保護者

認知工学の新書シリーズ		対象年齢
講師の ひとり思う事　独断	「進学塾不要論」の著者・水島醉の日々のエッセイ集 ISBN978-4-901705-94-3 本体 1000 円 (税別)	一般成人

書籍等の内容に関するお問い合わせは ㈱認知工学 まで
直接のご注文で 5,000 円 (税別) 未満の場合は、送料等 800 円がかかります。

TEL : 075-256-7723 (平日 10 時〜 16 時) 　FAX : 075-256-7724 　email : ninchi@sch.jp
〒 604-8155 京都市中京区錦小路通烏丸西入る占出山町３０８ ヤマチュウビル５F

M.access（エム・アクセス）の通信指導と教室指導

M.access（エム・アクセス）は、㈱認知工学の教育部門です。ご興味のある方はご請求
下さい。お名前、ご住所、電話番号等のご連絡先を明記の上、ＦＡＸまたは e-mail にて、
資料請求をしてください。e-mail の件名に「資料請求」と表示してください。教室は京
都市本社所在地（上記）のみです。

　　　FAX 075-256-7724 　　　　　TEL 075-256-7739 （平日 10 時〜 16 時）
　　　e-mail : maccess@sch.jp 　　HP : http://maccess.sch.jp

直販限定書籍、CD 以下の商品は学参書店のみでの販売です。一般書店ではご注文になれません。
CD についてはデータ配信もしております。アマゾン・iTuneStore でお求めください。

直販限定商品	内　　　容	本体 / 税別
超・植木算1 難関中学向け	植木算の超難問に、細かいステップを踏んだ説明と解説をつけました。小学高学年向き。 問題・解説合わせて７４頁です。自学自習教材です。	２２２０円
超・植木算2 難関中学向け	植木算の超難問に、細かいステップを踏んだ説明と解説をつけました。小学高学年向き。 問題・解説合わせて 117 頁です。自学自習教材です。	３５１０円
日本史人物１８０撰 音楽CD	歴史上の 180 人の人物名を覚えます。その関連事項を聞いたあとに人物名を答える形式で 歌っています。ラップ調です。　　約５２分	１５００円
日本地理「川と平野」 音楽CD	全国の主な川と平野を聞きなれたメロディーに乗せて歌っています。カラオケで答の部分 が言えるかどうかでチェックできます。　　約４５分	１５００円
九九セット 音楽CD	たし算とひき算をかけ九九と同じように歌で覚えます。基礎計算を速くするための方法 です。かけ算九九の歌も入っています。カラオケ付き。約３０分	１５００円
約数特訓の歌 音楽CD データ配信のみ	1〜100までと360の約数を全て歌で覚えます。6は1かけ6、2かけ3と歌ってい ます。ラップ調の歌です。カラオケ付き。　　約３５分	配信先参照
約数特訓練習帳 プリント教材 新装版	1〜100までの約数をすべて書けるように練習します。「約数特訓の歌」と同じ考え方 です。A4カラーで68ページ、解答4ページ。	８００円

学参書店（http://gakusanshoten.jpn.org/）のみ限定販売　３０００円 (税別) 未満は送料 800 円
認知工学（http://ninchi.sch.jp）にてサンプルの試読、ＣＤの試聴ができます。

2024.10.25

通過算　応用問題

※以下全て、電車は一定の速さで走っているものとします。また、エムくん・電柱は幅がないものとします。　※和差算の考え方が必要な問題があります。

問題３３、長さ６４ｍの電車が、長さ４６４ｍのトンネルの入り口にある電柱を通過するのに４秒かかりました。トンネル全部を通過するのに何秒かかりますか。

式

答、＿＿＿＿＿＿＿＿＿＿秒

問題３４、ある電車が長さ７０ｍのトンネルを完全に通過するのに１３秒かかりました。また電柱を通過するのに６秒かかりました。電車の長さは何ｍですか。また速さは秒速何ｍですか。

式

答、長さ：＿＿＿＿＿＿ｍ、速さ：秒速＿＿＿＿＿ｍ

通過算　応用問題

問題３５、長さ６９ｍ・秒速９.５ｍの普通電車が、長さ１１５ｍの特急電車とすれ
　　ちがったとき、普通電車と特急電車が完全に重なっていた時間は２秒でした。普
　　通電車と特急電車がすれちがっていたのは何秒でしたか。

式

答、＿＿＿＿＿＿＿＿＿＿秒

問題３６、秒速７ｍの普通電車が、秒速１３ｍの特急電車とすれちがったとき、普
　　通電車が特急電車に完全に重なっていた時間は３秒でした。またすれちがってい
　　た時間は１１秒でした。特急列車の方が長い時、普通電車と特急電車の長さは、
　　それぞれ何ｍですか。

式

答、普通電車：＿＿＿＿＿ｍ、特急電車：＿＿＿＿＿ｍ

通過算　応用問題

問題３７、長さ９９ｍの普通電車と長さ１２９ｍの特急電車がすれちがうのにかかる時間は６秒です。また同じ普通電車を同じ特急電車が追い越すのにかかる時間は１９秒です。普通電車と特急電車の速さは、それぞれ秒速何ｍですか。

式

答、　普通電車：秒速＿＿＿＿＿＿＿ｍ、　特急電車：秒速＿＿＿＿＿＿＿ｍ

問題３８、秒速２２ｍの列車Ａが、長さ６１ｍの列車Ｂを追い越すのに２２秒かかります。また列車Ｂが、長さ８９ｍ・秒速９ｍの列車Ｃを追い越すのに２５秒かかります。列車Ａが列車Ｃを追い越すのに何秒かかりますか。

式

答、＿＿＿＿＿＿＿秒

テスト5 （各10点×10）

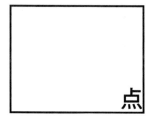

点

テスト5-1、長さ70m電車が、電柱を通過するのに4秒
　かかりました。また鉄橋を通過するのに20秒かかりまし
　た。鉄橋の長さは何mですか。

　　式

　　　　　　　　　　　　　　　　答、＿＿＿＿＿＿＿＿＿m

テスト5-2、秒速25.5mの電車が、長さ357mの鉄橋を通過するのに18秒
　かかりました。この電車が電柱を通過するのに何秒かかりますか。

　　式

　　　　　　　　　　　　　　　　答、＿＿＿＿＿＿＿＿＿秒

テスト5-3、ある電車が、電柱を通過するのに6秒かかりました。また長さ145
　mの鉄橋を通過するのに16秒かかりました。電車の長さは何mですか。また速
　さは秒速何mですか。

　　式

　　　　　　答、　長さ：＿＿＿＿＿m、速さ：秒速＿＿＿＿＿m

テスト５－４、長さ８７ｍの普通電車が、長さ１４５ｍの特急電車とすれちがった
　　とき、普通電車と特急電車が完全に重なっていた時間は２秒でした。普通電車と
　　特急電車がすれちがっていたのは何秒でしたか。

　　式

答、＿＿＿＿＿＿＿＿＿＿＿秒

テスト５－５、長さ１０２ｍの特急電車が、長さ６３ｍの普通電車を追い越したと
　　き、普通電車が特急電車に完全にかくれていた時間は３秒でした。別の時に２つ
　　の電車がすれちがいにかかった時間は５．５秒でした。普通電車と特急電車の速さ
　　は、それぞれ秒速何ｍですか。

　　式

答、＿普通電車：秒速＿＿＿＿＿＿＿ｍ、特急電車：秒速＿＿＿＿＿＿＿ｍ

テスト５－６、特急電車が、長さ７５ｍの普通電車を追い越したとき、普通電車が
　　特急電車に完全にかくれていた時間は９秒でした。また追い越しはじめから終わ
　　りまでにかかった時間は１分２４秒でした。特急電車の長さは何ｍですか。

　　式

答、＿＿＿＿＿＿＿＿ｍ

通過算　テスト５

テスト５－７、長さ８０ｍの普通電車と長さ９５ｍの特急電車がすれちがうのにか
　かる時間は５秒です。また同じ普通電車を同じ特急電車が追い越すのにかかる時
　間は２５秒です。普通電車と特急電車の速さは、それぞれ秒速何ｍですか。
　式

　　　　　答、＿普通電車：秒速＿＿＿＿＿＿ｍ、特急電車：秒速＿＿＿＿＿＿ｍ

テスト５－８、長さ１０２ｍの列車Ａと、秒速１３ｍの列車Ｂがすれちがうのに７
　秒かかります。また列車Ｂと、長さ１０８ｍ・秒速１１ｍの列車Ｃがすれちがう
　のに９秒かかります。列車Ａが列車Ｃとすれちがうのに何秒かかりますか。
　式

　　　　　　　　　　　　　　　　　答、＿＿＿＿＿＿＿＿＿秒

通過算　テスト５

テスト５－９、秒速２４ｍの列車Ａが、長さ６６ｍの列車Ｂを追い越すのに１６秒
　　かかります。また列車Ｂが、長さ３０ｍ・秒速１２ｍの列車Ｃを追い越すのに
　　３２秒かかります。列車Ａと列車Ｃがすれちがうのに何秒かかりますか。

　　式

答、＿＿＿＿＿＿＿＿＿秒

テスト５－１０、ふみきりで立っているエムくんの前を、長さ１１６ｍの普通電車
　　が８秒で通り過ぎました。普通電車が通り過ぎてからちょうど４秒後に、長さ
　　１４１ｍ・秒速２３.５ｍの特急電車がエムくんの前を通り過ぎはじめました。さ
　　て、特急電車はエムくんの前を通り過ぎてから何秒後に、普通電車を追い越し終
　　わるでしょうか。

　　式

答、＿＿＿＿＿＿＿＿＿秒後

解 答   解き方は一例です

P 6

問題1　１８０m÷６０m/分＝３分 　　　　　　　　　　　　<u>３分</u>

問題2　１８０m÷１５m/秒＝１２秒 　　　　　　　　　　　<u>１２秒</u>

問題3　９０m÷１５m/秒＝６秒 　　　　　　　　　　　　　<u>６秒</u>

問題4　９０m＋１８０m＝２７０m

　　　　２７０m÷１５m/秒＝１８秒 　　　　　　　　　　　<u>１８秒</u>

P 8

問題5　５５.８km/時＝５５８００m/時＝１５.５m/秒

　　　　１５.５m/秒×６秒＝９３m 　　　　　　　　　　　　<u>９３m</u>

P 9

問題6　８４m÷７秒＝１２m/秒

　　　　１２m/秒＝４３２００m/時＝４３.２km/時 　　　　<u>４３.２km/時</u>

問題7　５７.６km/時＝５７６００m/時＝１６m/秒

　　　　１６m/秒×１８秒＝２８８m　２８８m－５６m＝２３２m 　<u>２３２m</u>

問題8　６１.２km/時＝６１２００m/時＝１７m/秒

　　　　１７m/秒×１３秒＝２２１m　２２１m－１２６m＝９５m 　<u>９５m</u>

問題9　７３m＋２１２m＝２８５m　２８５m÷１９秒＝１５m/秒

　　　　１５m/秒＝５４０００m/時＝５４km/時 　　　　　　<u>５４km/時</u>

P 10

テスト1－1　　４８.６km/時＝４８６００m/時＝１３.５m/秒

　　　　　　　８１m÷１３.５m/秒＝６秒 　　　　　　　　　<u>６秒</u>

テスト1－2　　９００m/分＝１５m/秒　　１５m/秒×７秒＝１０５m 　<u>１０５m</u>

テスト1－3　　５８m÷４秒＝１４.５m/秒＝５２２００m/秒＝５２.２km/時

　　　　　　　　　　　　　　　　　　　　　　　　　<u>時速５２.２km</u>

テスト1－4　　４１.４km/時＝４１４００m/時＝１１.５m/秒

　　　　　　　９２m＋１１５m＝２０７m　　２０７m÷１１.５m/秒＝１８秒

　　　　　　　　　　　　　　　　　　　　　　　　　　　<u>１８秒</u>

P 11

テスト1－5　　1.１４km/分＝１１４０m/分＝１９m/秒

　　　　　　　１９m/秒×１３秒＝２４７m　　２４７m－６６m＝１８１m

　　　　　　　　　　　　　　　　　　　　　　　　　　　<u>１８１m</u>

テスト1－6　　６１.２km/時＝６１２００m/時＝１７m/秒

　　　　　　　１７m/秒×１７秒＝２８９m　　２８９m－２１３m＝７６m

　　　　　　　　　　　　　　　　　　　　　　　　　　　<u>７６m</u>

テスト1－7　　0.９km＝９００m　　９４m＋９００m＝９９４m

　　　　　　　９９４m÷２８秒＝３５.５m/秒 　　　　　　<u>秒速３５.５m</u>

P 12

テスト1－8　　７６m＋９９９m＝１０７５m　　１０７５m÷０.５分＝２１５０m/分

　　　　　　　２１５０m/分＝１２９０００m/時＝１２９km/時 　<u>時速１２９km</u>

解答

テスト1-9　80m＝0.08km　27秒＝0.0075時間
144km/時×0.0075時間＝1.08km
1.08km－0.08km＝1km　　　　　　　　<u>1km</u>

テスト1-10　123km/時＝123000m/時＝2050m/分　2.6km＝2600m
2050m/分×1.3分＝2665m　2665m－2600m＝65m
<u>65m</u>

P15

問題10　45m＋71m＝116m　11.5m/秒＋17.5m/秒＝29m/秒
116m÷29m/秒＝4秒　　　　　　　　<u>4秒</u>

問題11　9.5m/秒＋13m/秒＝22.5m/秒　22.5m/秒×6秒＝135m
135m－83m＝52m　　　　　　　　<u>52m</u>

問題12　105m＋123m＝228m　228m÷8秒＝28.5m/秒
28.5m/秒－12m/秒＝16.5m/秒　　　　<u>秒速16.5m</u>

P16

問題13　41m＋76m＝117m
63km/時＝63000m/時＝17.5m/秒
77.4km/時＝77400m/時＝21.5m/秒
17.5m/秒＋21.5m/秒＝39m/秒
117m÷39m/秒＝3秒　　　　　　　　<u>3秒</u>

問題14　360m/分＝6m/秒　45km/時＝45000m/時＝12.5m/秒
6m/秒＋12.5m/秒＝18.5m/秒　18.5m/秒×10秒＝185m
185m－76m＝109m　　　　　　　　<u>109m</u>

問題15　38m＋88m＝126m　126m÷7秒＝18m/秒
52.2km/時＝52200m/時＝14.5m/秒　18m/秒－14.5m/秒＝3.5m/秒
3.5m/秒＝210m/分　　　　　　　　<u>分速210m</u>

問題16　74m＋115m＝189m　189m÷3秒＝63m/秒
1770m/分＝29.5m/秒　63m/秒－29.5m/秒＝33.5m/秒
33.5m/秒＝120600m/時＝120.6km/時　　<u>時速120.6km</u>

P17

テスト2-1　80m＋81m＝161m　7.5m/秒＋15.5m/秒＝23m/秒
161m÷23m/秒＝7秒　　　　　　　　<u>7秒</u>

テスト2-2　9.5m/秒＋16m/秒＝25.5m/秒　25.5m/秒×6秒＝153m
153m－92m＝61m　　　　　　　　<u>61m</u>

テスト2-3　55m＋109m＝164m　164m÷8秒＝20.5m/秒
20.5m/秒－8m/秒＝12.5m/秒　　　　<u>秒速12.5m</u>

テスト2-4　63m＋126m＝189m
23.4km/時＝23400m/時＝6.5m/秒
52.2km/時＝52200m/時＝14.5m/秒
6.5m/秒＋14.5m/秒＝21m/秒
189m÷21m/秒＝9秒　　　　　　　　<u>9秒</u>

解答

テスト2−5　　１０２０m/分＝１７m/秒　　６３km/時＝６３０００m/時＝１７.５m/秒

　　　　　　　１７m/秒＋１７.５m/秒＝３４.５m/秒　　　３４.５m/秒×６秒＝２０７m

　　　　　　　２０７m−７３m＝１３４m　　　　　　　　　　　　　　__１３４m__

テスト2−6　　１１５m＋１２３m＝２３８m　　２３８m÷４秒＝５９.５m/秒＝３５７０m/分

　　　　　　　１１１.６km/時＝１１１６００m/時＝１８６０m/分

　　　　　　　３５７０m/分−１８６０m/分＝１７１０m/分　　　　　__分速１７１０m__

テスト2−7　　１２０m＋１２９m＝２４９m

　　　　　　　７８０m/分＝１３m/秒　　１０２.６km/時＝１０２６００m/時＝２８.５m/秒

　　　　　　　１３m/秒＋２８.５m/秒＝４１.５m/秒

　　　　　　　２４９m÷４１.５m/秒＝６秒　　　　　　　　　　　　　__６秒__

テスト2−8　　９７m＋９９m＝１９６m　　１９６m÷７秒＝２８m/秒

　　　　　　　２８m/秒＝１００８００m/時＝１００.８km/時

　　　　　　　９９０m/分＝５９４００m/時＝５９.４km/時

　　　　　　　１００.８km/時−５９.４km/時＝４１.４km/時　　　__時速４１.４km__

テスト2−9　　９６０m/分＝１６m/秒　　７０.２km/時＝７０２００m/時＝１９.５m/秒

　　　　　　　１６m/秒＋１９.５m/秒＝３５.５m/秒　　　３５.５m/秒×６秒＝２１３m

　　　　　　　２１３m−９４m＝１１９m　　　　　　　　　　　　　__１１９m__

テスト2−10　　１３７m＋２１４m＝３５１m　　３５１m÷９秒＝３９m/秒

　　　　　　　３９m/秒＝１４０４００m/時＝１４０.４km/時

　　　　　　　１１１０m/分＝６６６００m/時＝６６.６km/時

　　　　　　　１４０.４km/時−６６.６km/時＝７３.８km/時　　　__時速７３.８km__

問題１７　　４９m＋６３m＝１１２m　　１４m/秒−１０.５m/秒＝３.５m/秒

　　　　　　１１２m÷３.５m/秒＝３２秒　　　　　　　　　　　　　__３２秒__

問題１８　　１６.５m/秒−９m/秒＝７.５m/秒　　７.５m/秒×２８秒＝２１０m

　　　　　　２１０m−９８m＝１１２m　　　　　　　　　　　　　　__１１２m__

問題１９　　６４m＋１１８m＝１８２m　　１８２m÷１４秒＝１３m/秒

　　　　　　１３m/秒＋７.５m/秒＝２０.５m/秒　　　　　　　　　__秒速２０.５m__

問題２０　　８１m＋１３６m＝２１７m

　　　　　　４３.２km/時＝４３２００m/時＝１２m/秒

　　　　　　１６５０m/分＝２７.５m/秒　　２７.５m/秒−１２m/秒＝１５.５m/秒

　　　　　　２１７m÷１５.５m/秒＝１４秒　　　　　　　　　　　　__１４秒__

問題２１　　１７.５m/秒−１６m/秒＝１.５m/秒

　　　　　　２分＝１２０秒　　１.５m/秒×１２０秒＝１８０m

　　　　　　１８０m−１０４m＝７６m　　　　　　　　　　　　　　__７６m__

問題２２　　９０m＋９９m＝１８９m　　１８９m÷９秒＝２１m/秒

　　　　　　３６.５m/秒−２１m/秒＝１５.５m/秒　　　　　　　　__秒速１５.５m__

解答

問題２３　９０km/時＝９００００m/時＝２５m/秒　２５m/秒－２２．５m/秒＝２．５m/秒
　　　　　　　１．３分＝７８秒　２．５m/秒×７８秒＝１９５m
　　　　　　　１９５m－９７m＝９８m　　　　　　　　　　　　　　<u>　９８m　</u>

Ｐ２４

テスト３－１　６０m＋９０m＝１５０m　１５．５m/秒－１０．５m/秒＝５m/秒
　　　　　　　　１５０m÷５m/秒＝３０秒　　　　　　　　　　　　<u>　３０秒　</u>

テスト３－２　３４m/秒－１２．５m/秒＝２１．５m/秒　２１．５m/秒×８秒＝１７２m
　　　　　　　　１７２m－８４m＝８８m　　　　　　　　　　　　<u>　８８m　</u>

テスト３－３　６１m＋９８m＝１５９m　１５９m÷６秒＝２６．５m/秒
　　　　　　　　２６．５m/秒＋９m/秒＝３５．５m/秒　　　　　<u>秒速３５．５m</u>

テスト３－４　７５m＋８６m＝１６１m
　　　　　　　　５２．２km/時＝５２２００m/時＝１４．５m/秒　１２９０m/分＝２１．５m/秒
　　　　　　　　２１．５m/秒－１４．５m/秒＝７m/秒
　　　　　　　　１６１m÷７m/秒＝２３秒　　　　　　　　　　　<u>　２３秒　</u>

Ｐ２５

テスト３－５　２７m/秒－１６．５m/秒＝１０．５m/秒
　　　　　　　　０．５分＝３０秒　１０．５m/秒×３０秒＝３１５m
　　　　　　　　３１５m－１７９m＝１３６m　　　　　　　　　　<u>　１３６m　</u>

テスト３－６　７０m＋９８m＝１６８m　１６８m÷１６秒＝１０．５m/秒
　　　　　　　　２９．５m/秒－１０．５m/秒＝１９m/秒＝１１４０m/分　<u>分速１１４０m</u>

テスト３－７　１０８m＋１５６m＝２６４m
　　　　　　　　４５km/時＝４５０００m/時＝７５０m/分
　　　　　　　　８７０m/分－７５０m/分＝１２０m/分
　　　　　　　　２６４m÷１２０m/分＝２．２分　　　　　　　　　<u>　２．２分　</u>

Ｐ２６

テスト３－８　５７．６km/時＝５７６００m/時＝１６m/秒
　　　　　　　　１９．５m/秒－１６m/秒＝３．５m/秒
　　　　　　　　０．８分＝４８秒　３．５m/秒×４８秒＝１６８m
　　　　　　　　１６８m－６４m＝１０４m　　　　　　　　　　　<u>　１０４m　</u>

テスト３－９　７３m＋１１６m＝１８９m　１８９m÷１８秒＝１０．５m/秒
　　　　　　　　１０．５m/秒＋９．５m/秒＝２０m/秒
　　　　　　　　２０m/秒＝７２０００m/分＝７２km/時　　　　　<u>時速７２km</u>

テスト３－１０　８２m＋９８m＝１８０m＝０．１８km
　　　　　　　　　１６２０m/分＝９７２００m/時＝９７．２km/時
　　　　　　　　　９９km/時－９７．２km/時＝１．８km/時
　　　　　　　　　０．１８km÷１．８km/時＝０．１時間　　　　<u>０．１時間</u>

Ｐ２９

問題２４　２８４m－１３０m＝１５４m
　　　　　　　１５４m÷５．５m/秒＝２８秒　　　　　　　　　　　<u>　２８秒　</u>

問題２５　７m/秒×１７秒＝１１９m
　　　　　　　２０４m－１１９m＝８５m　　　　　　　　　　　　<u>　８５m　</u>

解答

問題２６　３６２m－９２m＝２７０m

１分＝６０秒　　２７０m÷６０秒＝４.５m/秒　　　　　　　　<u>秒速４.５m</u>

P３０

問題２７　８０m－５３m＝２７m

６m/秒＋７.５m/秒＝１３.５m/秒

２７m÷１３.５m/秒＝２秒　　　　　　　　　　　　　　　　<u>２秒</u>

問題２８　９.５m/秒＋１３.５m/秒＝２３m/秒　　２３m/秒×３秒＝６９m

１０７m－６９m＝３８m　　　　　　　　　　　　　　　　<u>３８m</u>

問題２９　１２１m－６６m＝５５m　　５５m÷２秒＝２７.５m/秒

２７.５m/秒－１４.５m/秒＝１３m/秒　　　　　　　　　　<u>秒速１３m</u>

P３１

問題３０　１１２m－４２m＝７０m

１６.５m/秒－６.５m/秒＝１０m/秒

７０m÷１０m/秒＝７秒　　　　　　　　　　　　　　　　<u>７秒</u>

問題３１　１３m/秒－１２.５m/秒＝０.５m/秒　　０.５m/秒×３４秒＝１７m

９８m－１７m＝８１m　　　　　　　　　　　　　　　　　<u>８１m</u>

問題３２　１２３m－７８m＝４５m

４５m÷５秒＝９m/秒

１７.５m/秒－９m/秒＝８.５m/秒　　　　　　　　　　　　<u>秒速８.５m</u>

P３２

テスト４－１　２０１m－６８m＝１３３m　　１３３m÷７m/秒＝１９秒　　<u>１９秒</u>

テスト４－２　５４km/時＝５４０００m/時＝１５m/秒　　１５m/秒×７秒＝１０５m

１４８m－１０５m＝４３m　　　　　　　　　　　　　　　<u>４３m</u>

テスト４－３　１.１km＝１１００m　　１１００m－１１６m＝９８４m

９８４m÷４８秒＝２０.５m/秒＝１２３０m/分　　　　　　<u>分速１２３０m</u>

テスト４－４　１４６m－５９m＝８７m　　１３m/秒＋１６/秒＝２９m/秒

８７m÷２９m/秒＝３秒　　　　　　　　　　　　　　　　<u>３秒</u>

P３３

テスト４－５　６３km/時＝６３０００m/時＝１７.５m/秒

１７.５m/秒＋６.５m/秒＝２４m/秒　　２４m/秒×５秒＝１２０m

１９１m－１２０m＝７１m　　　　　　　　　　　　　　　<u>７１m</u>

テスト４－６　１８３m－４２m＝１４１m　　１４１m÷６秒＝２３.５m/秒

２３.５m/秒－１２m/秒＝１１.５m/秒＝６９０m/分　　　<u>分速６９０m</u>

テスト４－７　１２４m－５５m＝６９m　　１８.５m/秒－７m/秒＝１１.５m/秒

６９m÷１１.５m/秒＝６秒　　　　　　　　　　　　　　　<u>６秒</u>

P３４

テスト４－８　１５６０m/分＝２６m/秒　　２６m/秒－１４m/秒＝１２m/秒

１２m/秒×１１秒＝１３２m　　２１６m－１３２m＝８４m　　<u>８４m</u>

テスト４－９　１９４m－９２m＝１０２m　　１０２m÷１７秒＝６m/秒

５９.４km/時＝５９４００m/時＝１６.５m/秒

１６.５m/秒－６m/秒＝１０.５m/秒＝６３０m/分　　　　<u>分速６３０m</u>

解答

テスト4－10　２２３m－６７m＝１５６m

　　　　　　１.　３分＝７８秒　　１５６m÷７８秒＝２m/秒

　　　　　　２１.５m/秒＋２m/秒＝２３.５m/秒　　　　　　　　　　<u>秒速２３.５m</u>

P３５

問題３３　６４m÷４秒＝１６m/秒…電車の速さ

　　　　　６４m＋４６４m＝５２８m　　５２８m÷１６m/秒＝３３秒　　　<u>３３秒</u>

問題３４　１３秒－６秒＝７秒…トンネルの長さを動いた時間

　　　　　７０m÷７秒＝１０m/秒…電車の速さ

　　　　　１０m/秒×６秒＝６０m…電車の長さ　　　　　　　<u>長さ：６０m、速さ：秒速１０m</u>

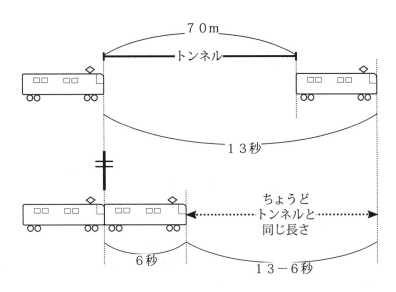

P３６

問題３５　１１５m－６９m＝４６m　　　４６m÷２秒＝２３m/秒

　　　　　６９m＋１１５m＝１８４m　　　１８４m÷２３m/秒＝８秒　　　　<u>８秒</u>

問題３６　７m/秒＋１３m/秒＝２０m/秒

　　　　　２０m/秒×３秒＝６０m…完全に重なっていた距離

　　　　　２０m/秒×１１秒＝２２０m…すれ違った距離

　　　　　完全に重なっている距離：特急電車の長さ－普通電車の長さ

　　　　　すれ違った距離：特急電車の長さ＋普通電車の長さ（次ページ　電車の図）

　　　　　２２０m－６０m＝１６０m…⌒２こ

　　　　　１６０m÷２＝８０m…⌒１こ…普通電車の長さ（次ページ　線分図／和差算の考え方）

　　　　　８０m＋６０m＝１４０m…特急電車の長さ　　　<u>普通電車：８０m、特急電車：１４０m</u>

解答

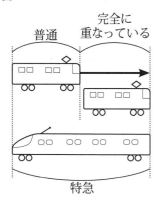

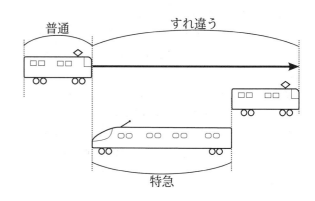

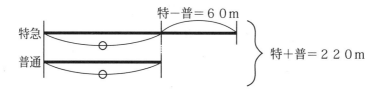

P37

問題37 99m＋129m＝228m

228m÷6秒＝38m/秒…すれ違う速さ＝特急電車の速さ＋普通電車の速さ

228m÷19秒＝12m/秒…追い越す速さ＝特急電車の速さ－普通電車の速さ

(問題36と同じく、和差算の考え方で)

38m/秒－12m/秒＝26m/秒　　26m/秒÷2＝13m/秒…普通電車の速さ

13m/秒＋12m/秒＝25m/秒…特急電車の速さ

<u>　　普通電車：秒速13m、特急電車：秒速25m　</u>

問題38 整理すると　列車A：？m　秒速22m

　　　　　　　　　列車B：61m　秒速？m

　　　　　　　　　列車C：89m　秒速9m

61m＋89m＝150m　　150m÷25秒＝6m/秒…BとCとの速さの差

9m/秒＋6m/秒＝15m/秒…Bの速さ

22m/秒－15m/秒＝7m/秒　　7m/秒×22秒＝154m…AとBとの長さの和

154m－61m＝93m…Aの長さ

93m＋89m＝182m　　22m/秒－9m/秒＝13m/秒

182m÷13m/秒＝14秒　　　　　　　　　　　　　　　　<u>　14秒　</u>

P38

テスト5－1　70m÷4秒＝17.5m/秒　　17.5m/秒×20秒＝350m

　　　　　　　350m－70m＝280m　　　　　　　　　<u>　280m　</u>

テスト5－2　25.5m/秒×18秒＝459m　　459m－357m＝102m

　　　　　　　102m÷25.5m/秒＝4秒　　　　　　　　<u>　4秒　</u>

解答

テスト5-3　6秒は電車の長さ分動くのにかかった時間で、１６秒は「電車の長さ＋鉄橋の長さ」を動くのにかかった時間。→問題３４

１６秒－６秒＝１０秒…鉄橋を通過するのにかかった時間

１４５ｍ÷１０秒＝１４.５ｍ/秒…電車の速さ

１４.５ｍ/秒×６秒＝８７ｍ…電車の長さ　　**長さ：８７ｍ、速さ：秒速１４.５ｍ**

P39

テスト5-4　１４５ｍ－８７ｍ＝５８ｍ　　５８ｍ÷２秒＝２９ｍ/秒

１４５ｍ＋８７ｍ＝２３２ｍ　　２３２ｍ÷２９ｍ/秒＝８秒　　　　　　**8秒**

テスト5-5　１０２ｍ－６３ｍ＝３９ｍ

３９ｍ÷３秒＝１３ｍ/秒…追い越す速さ＝特急電車の速さ－普通電車の速さ

１０２ｍ＋６３ｍ＝１６５ｍ

１６５ｍ÷５.５秒＝３０ｍ/秒…すれ違う速さ＝特急電車の速さ＋普通電車の速さ

３０ｍ/秒－１３ｍ/秒＝１７ｍ/秒　　１７ｍ/秒÷２＝８.５ｍ/秒…普通電車の速さ

８.５ｍ/秒＋１３ｍ/秒＝２１.５ｍ/秒…特急電車の速さ

普通電車：秒速８.５ｍ、特急電車：秒速２１.５ｍ

テスト5-6　普通電車と特急電車の長さの差にかかった時間が９秒

普通電車と特急電車の長さの和にかかった時間が１分２４秒＝８４秒

８４秒－９秒＝７５秒　　７５秒÷２＝３７.５秒…普通電車の長さにかかった時間（和差算）

７５ｍ÷３７.５秒＝２ｍ/秒…普通電車と特急電車の速さの差

２ｍ/秒×９秒＝１８ｍ…普通電車と特急電車の長さの差

７５ｍ＋１８ｍ＝９３ｍ…特急電車の長さ　　　　　　　**９３ｍ**

P40

テスト5-7　８０ｍ＋９５ｍ＝１７５ｍ　　１７５ｍ÷５秒＝３５ｍ/秒…２つの電車の速さの和

１７５ｍ÷２５秒＝７ｍ/秒…２つの電車の速さの差

３５ｍ/秒－７ｍ/秒＝２８ｍ/秒　　２８ｍ/秒÷２＝１４ｍ/秒…普通電車の速さ

１４ｍ/秒＋７ｍ/秒＝２１ｍ/秒…特急電車の速さ（和差算）

普通電車：秒速１４ｍ、特急電車：秒速２１ｍ

テスト5-8　整理すると　列車Ａ：１０２ｍ　秒速？ｍ

列車Ｂ：？ｍ　秒速１３ｍ

列車Ｃ：１０８ｍ　秒速１１ｍ

１３ｍ/秒＋１１ｍ/秒＝２４ｍ/秒　　２４ｍ/秒×９秒＝２１６ｍ…ＢとＣの長さの和

２１６ｍ－１０８ｍ＝１０８ｍ…Ｂ

１０２ｍ＋１０８ｍ＝２１０ｍ　　２１０ｍ÷７秒＝３０ｍ/秒…ＡとＢの速さの和

３０ｍ/秒－１３ｍ/秒＝１７ｍ/秒…Ａ

１０２ｍ＋１０８ｍ＝２１０ｍ　　１７ｍ/秒＋１１ｍ/秒＝２８ｍ/秒

２１０ｍ÷２８ｍ/秒＝７.５秒　　　　　　　　　**7.5秒**

解答

テスト5-9　整理すると　列車A：？m　秒速24m

　　　　　　　　　　　　列車B：66m　秒速？m

　　　　　　　　　　　　列車C：30m　秒速12m

　　　　66m＋30m＝96m　　　96m÷32秒＝3m/秒…BとCの速さの差

　　　　12m/秒＋3m/秒＝15m/秒…B

　　　　24m/秒－15m/秒＝9m/秒　　　9m/秒×16秒＝144m…AとBの長さの和

　　　　144m－66m＝78m…A

　　　　78m＋30m＝108m　　　24m/秒＋12m/秒＝36m/秒

　　　　108m÷36m/秒＝3秒　　　　　　　　　　　　　　　　　　<u>3秒</u>

テスト5-10　特急電車の最後尾が、普通電車の先頭に追いつくと考えれば良い。

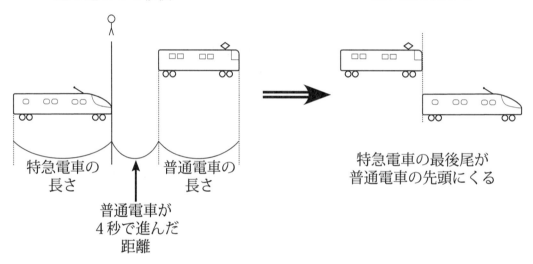

普通電車がエムくんを
通り過ぎて4秒後

追い越し終わり

特急電車の
長さ

普通電車が
4秒で進んだ
距離

普通電車の
長さ

特急電車の最後尾が
普通電車の先頭にくる

　　　　116m÷8秒＝14.5m/秒…普通電車の速さ

　　　　14.5m/秒×4秒＝58m…普通電車が4秒で進んだ距離

　　　　116m＋141m＋58m＝315m

　　　　…上の時点での、普通電車の先頭と特急電車の最後尾までの距離

　　　　23.5m/秒－14.5m/秒＝9m/秒

　　　　315m÷9m/秒＝35秒

　　　　…上の時点から、特急電車が普通電車を追い越し終わるまでの時間

　　　　141m÷23.5m/秒＝6秒…特急電車がエムくんを通り過ぎる時間

　　　　35秒－6秒＝29秒　　　　　　　　　　　　　　　　　　<u>29秒</u>

M.acceess　学びの理念

☆**学びたいという気持ちが大切です**
　勉強を強制されていると感じているのではなく、心から学びたいと思っていることが、子どもを伸ばします。

☆**意味を理解し納得する事が学びです**
　たとえば、公式を丸暗記して当てはめて解くのは正しい姿勢ではありません。意味を理解し納得するまで考えることが本当の学習です。

☆**学びには生きた経験が必要です**
　家の手伝い、スポーツ、友人関係、近所付き合いや学校生活もしっかりできて、「学び」の姿勢は育ちます。
　生きた経験を伴いながら、学びたいという心を持ち、意味を理解、納得する学習をすれば、負担を感じるほどの多くの問題をこなさずとも、子どもたちはそれぞれの目標を達成することができます。

発刊のことば

　「生きてゆく」ということは、道のない道を歩いて行くようなものです。「答」のない問題を解くようなものです。今まで人はみんなそれぞれ道のない道を歩き、「答」のない問題を解いてきました。
　子どもたちの未来にも、定まった「答」はありません。もちろん「解き方」や「公式」もありません。
　私たちの後を継いで世界の明日を支えてゆく彼らにもっとも必要な、そして今、社会でもっとも求められている力は、この「解き方」も「公式」も「答」すらもない問題を解いてゆく力ではないでしょうか。
　人間のはるかに及ばない、素晴らしい速さで計算を行うコンピューターでさえ、「解き方」のない問題を解く力はありません。特にこれからの人間に求められているのは、「解き方」も「公式」も「答」もない問題を解いてゆく力であると、私たちは確信しています。
　M.access の教材が、これからの社会を支え、新しい世界を創造してゆく子どもたちの成長に、少しでも役立つことを願ってやみません。

思考力算数練習帳シリーズ
シリーズ48　通過算　（小数範囲）

初版　第２刷
編集者　M.access（エム・アクセス）
発行所　株式会社　認知工学
〒６０４－８１５５　京都市中京区錦小路烏丸西入ル占出山町 308
電話　（０７５）２５６－７７２３　　email：ninchi@sch.jp
郵便振替　０１０８０－９－１９３６２　株式会社認知工学

ISBN978-4-86712-048-4　C-6341　　A480223D　M

定価＝ 本体５００円 ＋税